AF233377

HYGIÈNE DE L'HABITATION

Assainissement en observation de la loi sur la protection
de la Santé publique.

FOSSE SEPTIQUE
AUTOMATIQUE
SIPHON AUTO-DILUEUR

BREVETÉS S. G. D. G.

PROCÉDÉS B. BEZAULT

Ingénieur sanitaire, Architecte diplômé par le Gouvernement

SEPTIC-TANK

Plus de 4.000 Installations à fin Décembre 1905

EXPOSITIONS D'ARRAS — ORLÉANS — LIÈGE

MÉDAILLES D'OR

SOCIÉTÉ GÉNÉRALE D'ÉPURATION
ET D'ASSAINISSEMENT

Anonyme au Capital de 500.000 Francs

ÉPURATION COMPLÈTE de toutes Eaux résiduaires.

BUREAUX :

28, RUE DE CHATEAUDUN, 28
PARIS (IX° Arrond.)

Adresse télégraphique :
LUBEB-PARIS

TÉLÉPHONE : 315-98

PLAN schématique d'une installation dans une habitation.

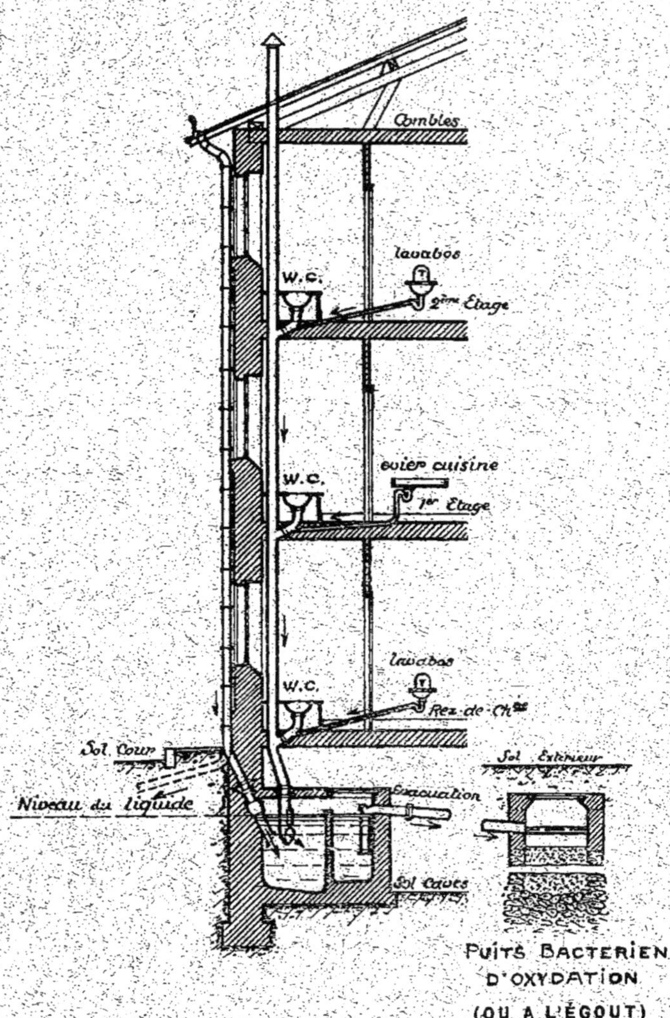

Nota Important.

Envoyer autant que possible, dans la fosse, les eaux pluviales, ménagères et toutes eaux vannes.

Avoir soin dès la mise en service de remplir d'eau, au moins jusqu'à hauteur des tubulures d'arrivée.

FOSSE SEPTIQUE AUTOMATIQUE

DESCRIPTION

Notre fosse, d'une façon schématique, est une sorte de réservoir étanche, hermétiquement clos, à deux compartiments inégaux ; dans l'un arrive le ou les tuyaux de chute ; de l'autre, part le tuyau de vidange **formant siphon**.

Ces tuyaux, de **profil spécial**, plongent dans le liquide jusqu'à une certaine profondeur calculée, pour chaque fosse, suivant sa capacité et suivant le genre d'installation des cabinets d'aisance.

Le profil spécial du tuyau d'arrivée a pour but de faciliter l'introduction et la répartition des matières dans la fosse, de façon à **éviter tout engorgement** et le retour d'odeurs.

Le liquide ne doit remplir qu'une partie déterminée de la fosse ; il passe d'un compartiment dans l'autre par de petites ouvertures, à sections et niveau variables avec le volume de la fosse. Elle peut être construite en tôle galvanisée, en ciment armé ou en maçonnerie.

**Tubulures et appareils spéciaux
(Modèles brevetés)**

PRINCIPE
et BUT de L'INVENTION

Il est scientifiquement établi que les eaux ménagères et matières de cabinets d'aisance contiennent un nombre infini de bactéries, entre autres, un groupe important formé par les anaérobies (c'est-à-dire vivant sans air).

D'autre part, les découvertes de PASTEUR nous ont appris que le phénomène de la fermentation était dû aux bactéries et que, par leur action, on pouvait annihiler ou réduire les matières organiques.

Nous avons donc cherché un appareil favorisant le développement des bactéries pour le **traitement biologique des eaux vannes ;** notre **fosse septique,** comme son nom l'indique, facilite la fermentation et, par conséquent, le travail des bactéries.

C'est, en somme, la destruction de la matière par elle-même.

Nos travailleurs sont les infiniment petits.

FONCTIONNEMENT

Les eaux vannes arrivent dans le premier compartiment, où, dans une sorte de levain, à la surface du liquide, vivent en quantité innombrable, les bactéries qui, au fur et à mesure, **désagrègent les matières organiques.**

Le tuyau d'arrivée plonge dans le liquide, afin de ne pas gêner l'action des bactéries par l'introduction de l'air et par le remous, et aussi pour **empêcher les odeurs de remonter.**

La décomposition des matières s'effectue, pour la plus grande partie, sous la surface du liquide ; au fond, ne se déposent que les matières minérales et métalliques qui auraient pénétré par négligence ou par mégarde ; à cet effet, le premier compartiment sera un peu plus profond que le second.

Ces matières représentent une infime quantité : l'expérience nous a permis de constater qu'elles devraient s'accumuler pendant trente ou quarante ans avant d'empêcher le bon fonctionnement de la fosse. A cette époque, on devra, par **le regard à tampon hermétique,** ménagé à la partie supérieure, vider le compartiment d'arrivée.

Un premier dégrossissage est fait dans ce compartiment ; les eaux passent alors dans le second, où d'autres bactéries préférant un liquide plus dilué, continuent l'épuration.

La cloison séparative divise le travail et ne fait communiquer les deux compartiments que par les ouvertures, très petites, d'une **herse** ne laissant passer que des liquides.

Le tuyau de sortie peut rejeter les eaux, soit à l'égout, soit, à défaut, dans un puits filtrant garni de matières oxydantes, mâchefer, gravier, etc., **dont nous fixons la disposition suivant les cas,** soit encore dans une citerne ou en épandage sur des terrains ; le liquide ainsi épuré étant fortement nitraté est très favorable à la culture.

Le niveau du liquide dans le tuyau de sortie étant le même que dans la fosse, on voit qu'au fur et à mesure qu'il arrive un volume quelconque de matières, il sort le même volume en liquide ; de la sorte, la fosse n'est jamais remplie, donc **suppression des vidanges**.

AVANTAGES

Les avantages de notre fosse septique automatique sont considérables ; en effet, avec une fosse semblable, sans installer les **appareils coûteux du " tout-à-l'égout "** fonctionnant avec chasses d'eau et, par conséquent, en **évitant la grande dépense d'eau**, on obtiendra les résultats de ce dernier système c'est-à-dire la suppression des odeurs et des vidanges.

On **évitera la contamination** des nappes d'eau par fosse à fond perdu.

On ne rejettera que du liquide ayant déjà subi environ **50 0/0 d'épuration** et, pour ainsi dire, entièrement débarrassé de tous microbes dangereux, car il est démontré scientifiquement que les microbes pathogènes ne résistent pas à l'action anaérobique de la fosse septique.

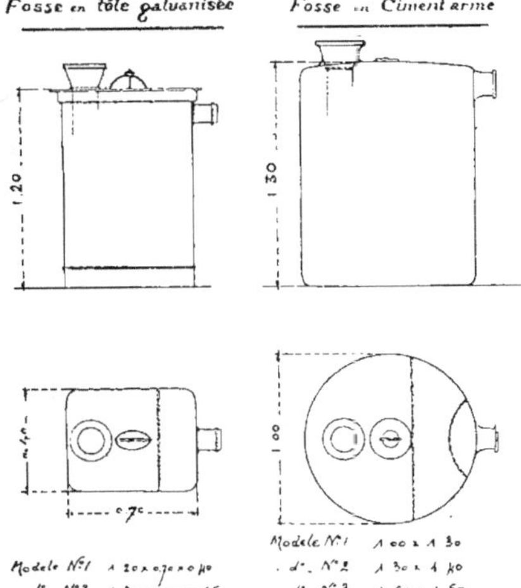

Les égouts qui, souvent manquent de pente, ne recevant plus que du liquide, **évacueront plus facilement**.

Les bouches d'égout **n'exhaleront plus** les odeurs si désagréables et si nuisibles à la santé publique.

La fosse septique **empêche aussi l'éclosion des mouches**, dont les essaims véhiculent des maladies de toutes sortes. Cet avantage est surtout appréciable dans les agglomérations : usines, hôpitaux, écoles, casernes, etc.

On économisera les frais de vidanges et on évitera tous les ennuis occasionnés par l'opération.

Une telle fosse pourra toujours être installée à l'emplacement des fosses actuelles, attendu que sa capacité est beaucoup moindre, ces dernières pouvant même servir en partie.

COUT DE L'INSTALLATION

Le prix de l'installation de notre fosse varie selon l'importance, mais, comme on peut s'en rendre compte par la simplicité du procédé, le prix est sensiblement le même que celui d'une fosse ordinaire.

A partir de **130** francs, nous fournissons les appareils et plans nécessaires à la transformation d'une fosse ordinaire en fosse septique.

Nous livrons des fosses mobiles en tôle galvanisée ou en ciment armé, aux prix suivants :

	En tôle galvanisée.	En ciment armé.
N° 1 desservant jusqu'à 6 personnes..	**190** fr.	**250** fr.
N° 2 — — 15 — ..	**285** fr.	**330** fr.
N° 3 — — 25 — ..	**360** fr.	**390** fr.

Les dimensions respectives sont indiquées au croquis précédent.

Nous faisons sur demande des fosses plus grandes.

La mise en place de nos appareils est des plus simples, et peut être faite suivant nos plans par n'importe quel ouvrier.

Pour les fosses à transformer, nous établissons d'ailleurs dans chaque cas un projet avec devis.

ANALYSES

Analyse d'eau du « tout-à-l'égout » de Paris épurée par le procédé dit

« Septic Tank ».

PRÉLÈVEMENT OPÉRÉ A CLICHY (30 juillet 1904)
Par le Dr Ogier, directeur du Laboratoire de Toxicologie de la Préfecture.
1° *Analyses sur les eaux telles quelles.*

	EAU du tout à-l'égout.	EAU sortant de la fosse septique.	EAU sortant du lit bactérien.
Matières en suspension (séchées dans le vide)............................	1,494	0,074	»
Après calcination....................	1,037	0,046	»
Différence (matières organiques en suspension).	0,457	0,028	»
Azote ammoniacal (en ammoniaque)...	0,0148	0,0182	0,0052
Azote albuminoïde (en azote)........	0,0052	0,0026	0,0000

2° *Analyse sur les eaux filtrées sur papier.*

Nitrites (en acide nitreux).............	»	»	0,004
Nitrates (en acide nitrique)...........	»	»	0,031

Examen bactériologique.

Bactéries aérobies par cm³.............	415 000 (bacillus coli.)	67 000 (pas de bacillus coli.)	4,700 (pas de bacillus coli.)

A la suite d'expériences contrôlées par les **Services techniques de la Ville de Paris**, à l'entrée de l'hiver 1905, il a été établi par diverses analyses que le pourcentage d'épuration biologique, à la sortie du lit bactérien, était de **99 0/0.**

Demander nos types d'installations **avec tubulures spéciales pour : Ecoles, Usines, Hôpitaux, Casernes, Gares de Chemins de fer, etc.**

Nos modèles de tubulures **formant cuvette pour siège à la « Turque »**, et formant aussi **cuvette ovale pour siège** élevé font réaliser une **sérieuse économie** par la suppression des frais de cuvette et siège.

SIPHON AUTO-DILUEUR

A DÉPART INTERMITTENT ET AUTOMATIQUE
BREVETÉ S. G. D. G.

Pour les habitations pouvant évacuer les eaux et matières usées à l'égout et ne disposant pas de fosse susceptible d'être facilement trans-

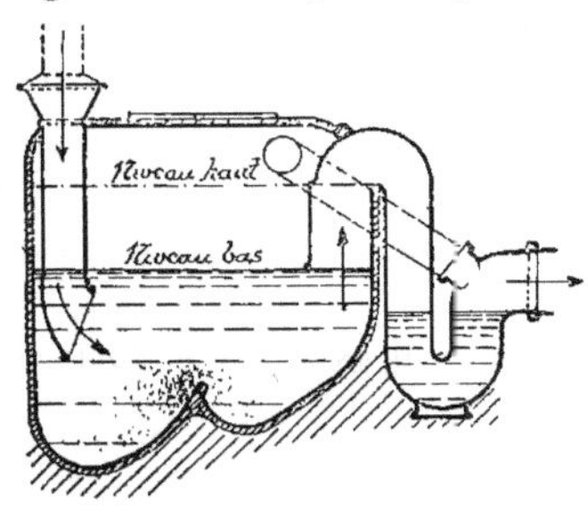

formée en fosse septique automatique, nous conseillons l'emploi de notre siphon **auto-dilueur**, c'est-à-dire facilitant la désagrégation des matières, de façon à n'évacuer à l'égout que du liquide.

Ce siphon est un réservoir étanche de faible dimension, en fonte ou en ciment, avec lequel vient s'assembler une tubulure, doublement recourbée, en S, de profil et dimensions spécialement adaptés pour assurer le principe de la compression de l'air utilisé en la circonstance. Le radier de ce réservoir est aussi de forme spéciale pour favoriser la sortie des liquides et surtout des matières. Contrairement à ce qui arrive dans notre fosse septique, ici le niveau n'est pas constant; il y a un niveau haut correspondant à l'amorçage du siphon et un niveau bas correspondant au temps d'arrêt.

La tubulure d'arrivée, à l'un comme à l'autre niveau, plonge toujours dans le liquide; la branche inférieure du tuyau de sortie est constamment remplie de liquide. De la sorte, l'occlusion est permanente, et à aucun moment il ne peut y avoir de communication entre l'atmosphère des égouts et celle des habitations.

Une tubulure met la partie supérieure du réservoir en communication avec le tuyau d'évacuation, ou avec un tuyau de ventilation, s'il en existe, de façon à assurer la pression atmosphérique et empêcher le désiphonnement.

FONCTIONNEMENT

Les eaux usées et matières de vidanges arrivent dans le réservoir où, par suite d'immersion prolongée, et des grands remous occasionnés par l'aspiration rapide du siphon, les matières solides organiques sont désagrégées et entraînées d'autant plus facilement par le siphon. Celles qui, d'ailleurs, ne seraient pas entièrement liquéfiées, seraient quand même entraînées, la tubulure de sortie pouvant évacuer toutes les matières amenées par le tuyau de chute.

Les matières minérales de faible dimension seront el'es-mêmes aspirées ; celles qui seraient par trop grosses, c'est-à-dire d'un diamètre presque égal à celui du tuyau de chute, pourraient former un dépôt et gêner quelque peu le fonctionnement ; mais, comme on peut le penser, ces matières seraient en quantité infime. Le jour où elles seraient en volume assez grand pour empêcher le fonctionnement, il suffira de nettoyer, par le tampon mobile de la surface, le réservoir, comme on nettoie un compteur d'eau, par exemple. Il est facile de comprendre que cette opération ne sera rendue nécessaire qu'à des époques très espacées.

Lorsque la surface du liquide atteint le niveau haut, l'air contenu dans la tubulure étant suffisamment comprimé, chasse les liquides de la branche inférieure ; alors le siphon est amorcé et évacue toute la portion des liquides jusqu'à l'orifice de la branche supérieure, et ainsi de suite, au fur et à mesure de l'arrivée des liquides.

AVANTAGES

En outre de certains avantages communs à la fosse septique, ce siphon donne encore les avantages suivants :

Il **assure les résultats du « tout-à-l'égout »** d'une manière absolument pratique, économique et indiscutable, en conformité avec les règlements, même les plus rigoureux.

Il remplit le rôle de siphon de chasse, placé au pied des chutes de cabinets d'aisances, tel que le demande, entre autres, la **Ville de Paris.**

Les installations actuelles de cabinets d'aisance pourront subsister. Il en résultera donc **une grande économie** sur les frais de transformation pour assurer le « tout à l'égout ».

Notre siphon étant alimenté uniquement par les eaux ménagères et les produits de cabinets d'aisance, **supprimera la dépense d'eau** nécessitée par les réservoirs de chasse.

Enfin, étant d'une étanchéité parfaite et facile à contrôler, il n'y aura **ni émanations ni infiltrations à craindre.**

FOSSE SIPHON SEPTIQUE

BREVETÉE S. G. D. G.

En vue d'un complément d'épuration, nous conseillerons d'employer pour le compartiment de sortie de nos fosses septiques, notre siphon à départ intermittent, spécialement construit pour fonctionner avec l'effluent de la fosse.

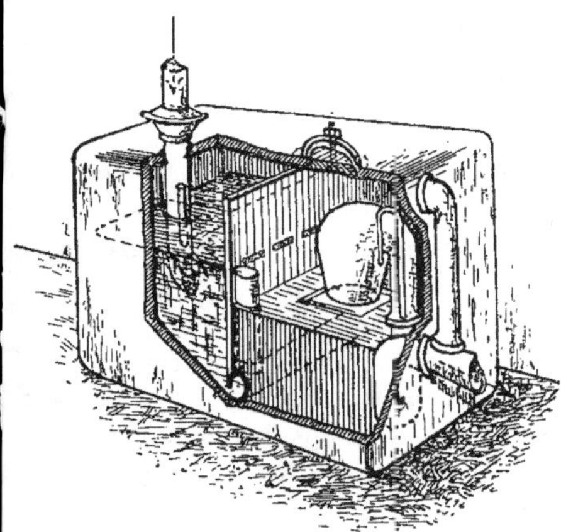

Ce siphon ne comporte ni tube capillaire détenteur, facilement obstrué par le moindre objet, ni cloche mobile pouvant toujours se déranger. La branche supérieure du siphon est simplement de forme spéciale pour assurer le principe de la compression d'air.

L'évacuation de la fosse devenant alors intermittente, on pourra facilement obtenir un degré d'épuration satisfaisant en envoyant l'effluent sur un **filtre bactérien**; entre chaque période d'amorçage, les matières filtrantes auront le temps de s'aérer, pour être plus aptes à l'oxydation des matières organiques.

Notre **« siphon diluсur »**, aussi bien que notre **siphon septique**, auront encore l'avantage, par la chasse qu'ils produisent dans les canalisations, d'empêcher les engorgements.

Ces appareils permettront aussi de retrouver facilement les objets de valeur qu'on aurait laissé tomber par mégarde, dans les cabinets d'aisances, point qui peut avoir son importance et qu'il est impossible de réaliser avec le système du « tout-à-l'égout » actuel.

Coût

Le prix de nos appareils **« auto-dilueur »** et **« siphon septique »** varie évidemment avec les services qu'il s'agit d'assurer, il est difficile de l'établir d avance; pourtant nous pouvons certifier que le prix ne s'élève pas à plus de **30 0/0 au dessus** du prix de nos fosses septiques.

L'économie de deux ou trois années de frais de vidanges suffit à en couvrir la dépense.

L'exécution d'un **filtre bactérien** n'est pas plus onéreuse que celle d'un puisard ordinaire.

L'action de ces filtres est des plus efficaces comme il est facile de s'en rendre compte. On peut ainsi économiquement satisfaire les conditions et règlements d'Hygiène.

RÉFÉRENCES

PRINCIPALES INSTALLATIONS

Nos procédés sont les seuls admis par la Direction technique du Génie au **Ministère de la Guerre.**

Ils sont également acceptés dans toutes les **grandes Compagnies de chemins de fer**, dans les **manufactures de l'Etat** et dans de nombreux établissements dépendant de **divers Ministères.**

Ils ont fait leurs preuves depuis longtemps, comme en témoignent nos multiples références.

Notre fosse septique, la plus ancienne de tous les appareils similaires, que des contrefacteurs **ont essayé d'imiter en la compliquant inutilement**, a suivi, dès l'origine, une marche ascendante qui est encore l'une des meilleures preuves de son efficacité.

En dehors des installations signalées plus haut, pour les services de l'Etat et les grandes Compagnies de chemins de fer, notre fosse septique a reçu de nombreuses applications pour des services municipaux : **Ecoles — Hospices — Hôpitaux — Marchés —** pour des **Etablissements industriels — Bureaux — Hôtels — Cafés — Maisons ouvrières — Villas — Châteaux — Maisons de rapport**, etc., etc.

En 1901, on en compte............ ...	30	
— 1902, — — ....,....	75	Total au 31 décembre 1905
— 1903, — —	260	**4,190 applications**
— 1904, — —	980	
— 1905, — —	2,845	

La liste complète des principales installations et la copie de quelques-unes de nos références ont fait l'objet d'une brochure spéciale que nous envoyons sur demande.

Progression du nombre des Installations faites jusqu'à ce jour.

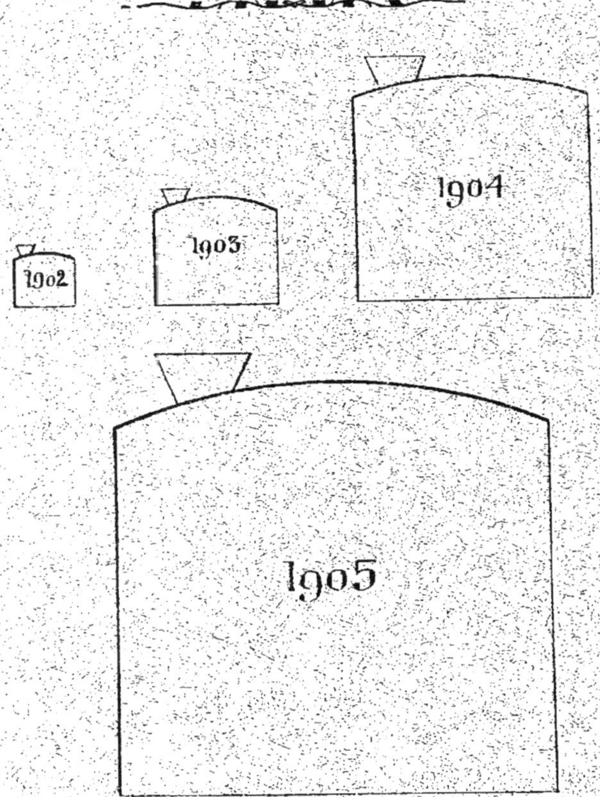

Plus de QUATRE MILLE Installations au 1er Janvier 1906.

ÉTUDE GRATUITE DE TOUS PROJETS

Sur demande, nous établissons des projets; il suffit de nous adresser les renseignements suivants :

1° Plan approximatif avec dimensions de la fosse ;
2° Emplacement du ou des tuyaux de chute ;
3° Indiquer le côté possible de l'évacuation ;
4° Pour combien d'habitants, environ, la fosse est en service ;
5° Quel est le genre des cabinets d'aisances.